딸기 신품종 아리향 재배 매뉴얼

국립원예특작과학원

Contents 목차

Ⅰ '아리향' 주요 특성 ········· 8

1. 육성 경위 ········· 8
2. 주요 특성 ········· 10
   - 가. 식물체 및 생태적 특성 ········· 11
   - 나. 수량성 ········· 15
   - 다. 품질 특성 ········· 18
   - 라. 병해충 저항성 ········· 20

Ⅱ '아리향' 재배 시 주의할 점 ········· 24

1. 재배 핵심 ········· 24
2. 본포 관리 ········· 25
3. 육묘 관리 ········· 40

부록 ········· 49

- 병해충 방제력 ········· 50
- '아리향' 시범재배 전경 ········· 54
- 작업일지 ········· 56

인사말

   국내 딸기 산업은 불과 10여년 전만해도 일본 품종이 90% 이상을 점유하여 로열티라는 사회적 이슈에 직면한 바 있습니다. 다행히도 여러 연구기관이 힘을 모아 국산 품종의 개발 및 보급 확대에 노력하여 현재는 국산 품종이 93% 이상 재배되는 커다란 성과를 일구었습니다.

   그러나 지금 딸기 산업은 새로운 국면에 접어들고 있습니다. 국산 품종 보급률 향상은 이루었으나 '설향'이 지나치게 편중 재배되다 보니 출하 쏠림에 따른 공급 과잉과 수급 불안 현상이 나타나고 있습니다. 또한, 수출의 90% 이상을 차지하고 있는 '매향'은 수량이 적고 중소과라 수출 확대에 걸림돌이 되고 있습니다. 따라서 딸기 품종 다양화를 통한 내수 증진과 수출 확대는 앞으로의 딸기 산업 발전에 있어서 중요한 화두라 할 것입니다.

   이번에 국립원예특작과학원에서 개발한 딸기 신품종 '아리향'은 경도가 우수하면서 기존 품종과 차별되는 대과종으로 품종 다양화에 기여할 수 있을 것으로 기대하고 있습니다. 농가 시범 재배를 통하여 '아리향'이 농가에 안정적으로 정착될 수 있도록 많은 관심과 격려 부탁드립니다.

   앞으로 국립원예특작과학원은 주요 소득 작물인 딸기 산업을 보다 중시하고 딸기 산업 발전과 농가 소득 향상을 위하여 우수한 신품종이 지속적으로 개발될 수 있도록 아낌없는 지원을 하겠습니다.

2018년 7월

농촌진흥청 국립원예특작과학원장 **황 정 환**

I. 아리향 주요 특성

1. 육성 경위
2. 주요 특성
   가. 식물체 및 생태적 특성
   나. 수량성
   다. 품질 특성
   라. 병해충 저항성

I. 아리향 주요 특성

1. 육성 경위

　고경도이면서 과실 품질이 우수한 일본 품종 '도치오토메'를 모본으로 하고 대과성이면서 다수성인 국내 대표 품종 '설향'을 부본으로 교배조합을 작성하였다. 2014년도에 인공교배를 통해 1만여 립을 채종하여 4월 29일에 육묘상에 파종하고 육묘 과정 중 묘소질이 불량하거나 병에 약한 개체는 적극적으로 도태하였다.

　2014년 9월 상순경에 정식하여 촉성 재배하였고 겨울철부터 이듬해 봄까지 원예적 특성을 평가하여 생육, 품질 특성 등을 종합적으로 고려해 7개체를 선발하였다.

　그 중 **초세가 왕성하면서 고경도, 대과성이고 과실 크기가 균일한 특성을 보이며 연속 출뢰가 우수하고 다수성인 '14-5-5' 계통을 최종 선발**하였다. 이 후 2016년도에 지역적응시험(완주, 논산 등 4지역)과 농가 현장실증(전주, 사천)을 병행 추진하였다. '14-5-5' 계통의 품종 명칭 선정을 위해 국민적 관심과 친밀도를 높일 수 있도록 전국민 참여를 유도하는 공모전을 하였다. 이를 통해 접수된 2,185건 중 중복명칭 등을 제외한 1,692건을 내부 심사와 내외부 선호도 조사를 거쳐 '아리향'으로 최종 명명하였다. 2017년도 제1차 농촌진흥청 직무육성 신품종 선정위원회에 상정하였고 이후 국립종자원에 **아리향(Arihyang)'으로 품종 출원(출원번호: '출원-2017-301', 2017. 5. 22.)** 하였다.

　'아리향'은 처음 선발 당시부터 대과성, 과실 균일성, 연속 출뢰성 및 수량성이 매우 우수하였기 때문에 선발 당시의 매순간을 기록으로 남긴 바 있다. '아리향'은 신품종으로 개발되기까지 비록 4년이라는 짧은 기간이었지만 신품종의 가능성을 높게 판단하고 단기간의 대량 증식을 통해 지역적응 시험, 농가 현장실증 및 현장평가회 등을 두루 거친 품종이다.

그림. 딸기 신품종 '아리향' 처음 선발 당시 과정

그림. 딸기 신품종 '아리향' 육성 계통도

2. 주요 특성

장점

- 촉성 적응 품종으로 초세 및 흡비력이 우수하며 출엽 속도가 빠름
- 화아분화는 '설향'보다 2~3일 정도 빠른 경향
- 고경도이고 대과성이면서 과실 크기(특히, 2~5번과)가 매우 균일
- 총수량이 '설향'보다 많음. 특히, 겨울철(12~1월) 수량이 많음
- 조기·연속 출뢰성 우수 및 과실 품질 양호
- 정화방 화수는 평균 10.5개로 적어 적화 또는 적과 노력 경감 가능
- 병해충 중 역병은 '설향'보다 조금 강함

단점

- 과실 착색이 빠른 반면 착색 후기(완숙 단계)에 맛이 드는 특성이 있으므로 수확시기가 빠를 경우 과실 간 품질 편차 발생
- 과실 신맛이 '설향'보다 조금 더 강한 편. 과실 기부(꽃받침 부위)까지 맛이 늦게 들어 선단부와 기부까지의 맛의 차이가 조금 벌어짐
- 각 화방 1~2번과에서 비정형과(부채과, 넓적과, 골진과) 발생 빈도가 높은 경향
- 재배 환경 불량(동절기 저온, 과습, 일조부족 등), 포기 세력이 약하거나 벌 활동이 둔화될 경우 2화방에서 기형과 발생 비율 증가
- 개화기 저온이나 다비조건으로 인해 선단부 암술 발달이 늦은 경우 선첨과(과실 선단부 불수정과)가 발생할 수 있음
- 과피색은 포기 세력이 약하거나 지나치게 완숙될 경우 검붉어질 수 있음
- 육묘기 건조 스트레스 시 순멎이가 '설향'보다 조금 더 발생함
- 흰가루병, 잿빛곰팡이병, 탄저병은 '설향'보다 약하고 '매향', '장희'와 유사한 경향이며, 응애가 다소 많이 발생함

가. 식물체 및 생태적 특성

'아리향'의 초형은 반개장형이고 잎의 형태는 '설향'과 매우 유사한 타원형이며, 3개의 소엽 중에 가운데 소엽이 조금 큰 것이 특징이나 유심히 관찰하지 않는 이상 잎 모양으로 '설향'과 구분하기는 상당히 어렵다. **엽두께는 조금 얇지만 출엽 속도는 '설향'보다 빠른 편이고 초세 또한 강하다.**

화아분화는 같은 조건에서 육묘하였을 때 2~3일 정도 빠른 편이다. 다만, 흡비력이 좋기 때문에 화아분화 직후 본포에 바로 정식하게 되어 질소질 흡수가 과다하게 되면 과실 모양이 비정형과로 발달하고 수술(꽃가루) 발달이 불량할 가능성이 높다. 따라서, 정식기는 화아분화가 충분히 완료된 시점(화아분화 4기, 꽃받침분화기)인 9월 하순 이후(9. 20일경)로 기존 '설향'보다 정식일을 7~10일 이상 늦추는 것이 적극 권장된다.

엽병장은 '설향'보다 조금 짧은 편이고 엽수는 출엽 속도가 빠르기 때문에 많은 편이다. **정화방 화수는 평균 10.5개로 '설향'(18.4개)이나 '매향'(14.5개)보다 훨씬 적다. 연속 출뢰가 우수하기 때문에 2화방 개화는 '설향'이나 '매향'보다 2주 이상 빠르다.** 다만 '아리향'의 흡비력이 좋기 때문에 2화방 화아 분화기에 다비 조건이 주어지면 오히려 출뢰가 지연될 수 있으므로 주의가 요구된다. 정상적인 2화방 분화 촉진을 위하여 **정식 2주 후부터 10월 상중순까지 4매 내외로 엽수를 적절히 조절하는 것이 필요하다.**

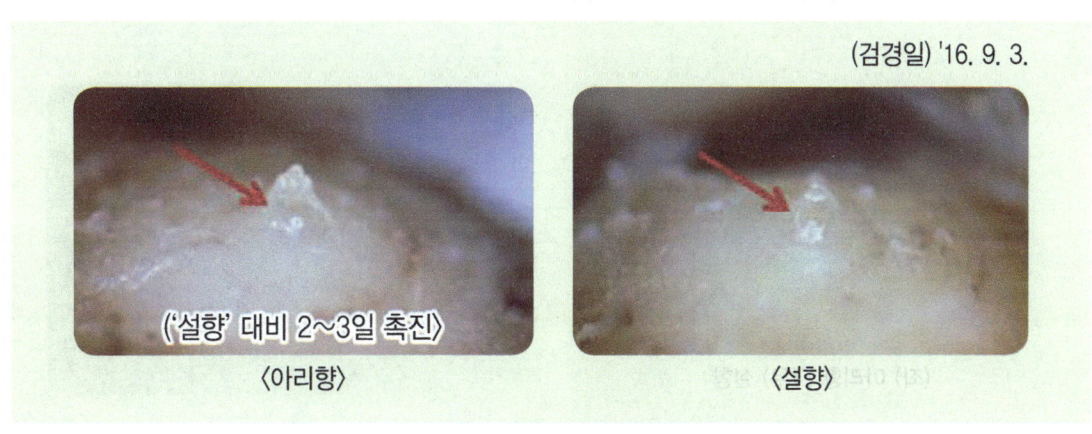

그림. 화아분화 검경

과형은 원추형으로 '설향'과 유사하나 과실 어깨 부위인 과폭이 '설향'보다 넓고 과실 선단부가 뾰족한 편이다. 대과이면서 과실 선단부가 뾰족하기 때문에 선단부 과실 형태가 약간씩 틀어지거나 선단부 불수정으로 선첨과가 발생한 경우가 있었다. 이에 대한 대책으로 **개화기에는 주간 온도를 '설향'보다 높게 관리하고 질소질은 다소 낮게 관리하는 것이 필요하다.**

표. '아리향'의 생태적 특성

품 종	초형	초세	엽형	엽장/엽폭비	과형	과장/과폭비	휴면성
아리향	반개장형	강	타원형	1.15	원추형	1.40	얕음
설향	반개장형	강	타원형	1.12	원추형	1.49	얕음
매향	직립형	중	장타원형	1.38	장원추형	1.66	얕음

표. '아리향'의 생육 특성

품 종	엽병장 (cm)	엽수 (매/주)	화수 (개/정화방)	정화방 개화 특성		
				출뢰기(월.일.)	개화기(월.일.)	수확기(월.일.)
아리향	10.5±2.6^z	5.4±1.1	10.5±2.2	10. 21.	11. 2.	12. 13.
설향	11.7±1.9	4.8±0.4	18.4±3.3	10. 21.	11. 5.	12. 11.
매향	13.6±2.0	4.3±0.6	14.5±3.1	10. 29.	11. 13.	12. 16.

^{z} 표준편차
* 정식일: '16. 9. 20. 생육 조사: '16. 11.~'16. 12.
* 조사구의 약 40%가 출뢰·개화·수확한 시점

그림. 잎의 형태 비교   그림. '아리향' 착과 전경

Ⅰ 아리향 주요 특성

　전체적인 화분량이나 화분관 발아력은 5℃ 저온 조건에서 '설향'보다 많이 못 미치며 '매향'과 거의 유사한 경향을 보였다. 다만 35℃의 고온 조건 하에서는 오히려 '설향'보다 우수한 화분관 발아력을 보였다. 따라서 **주야간 고온 관리가 과실 수정에 보다 유리하다.** 겨울철 개화가 집중되는 시기의 시설내 적정 온도는 주간(낮)에 28~30℃, 야간(밤)에 8℃ 내외가 적당하다. **품종 특성상 화분량 자체가 적기 때문에 일조 부족이나 시설내 과습 조건은 꽃가루가 제대로 안 풍겨서 수정 불량을 유발할 수 있으므로 시설 내부 과습이나 안개, 식물체에 결로가 발생되지 않도록 오전 환기에 주의한다.** 양분관리 측면에서 화분량을 늘리기 위해서는 질소질은 낮추고 붕소 등 미량원소는 증량하는 것이 효과적이다.

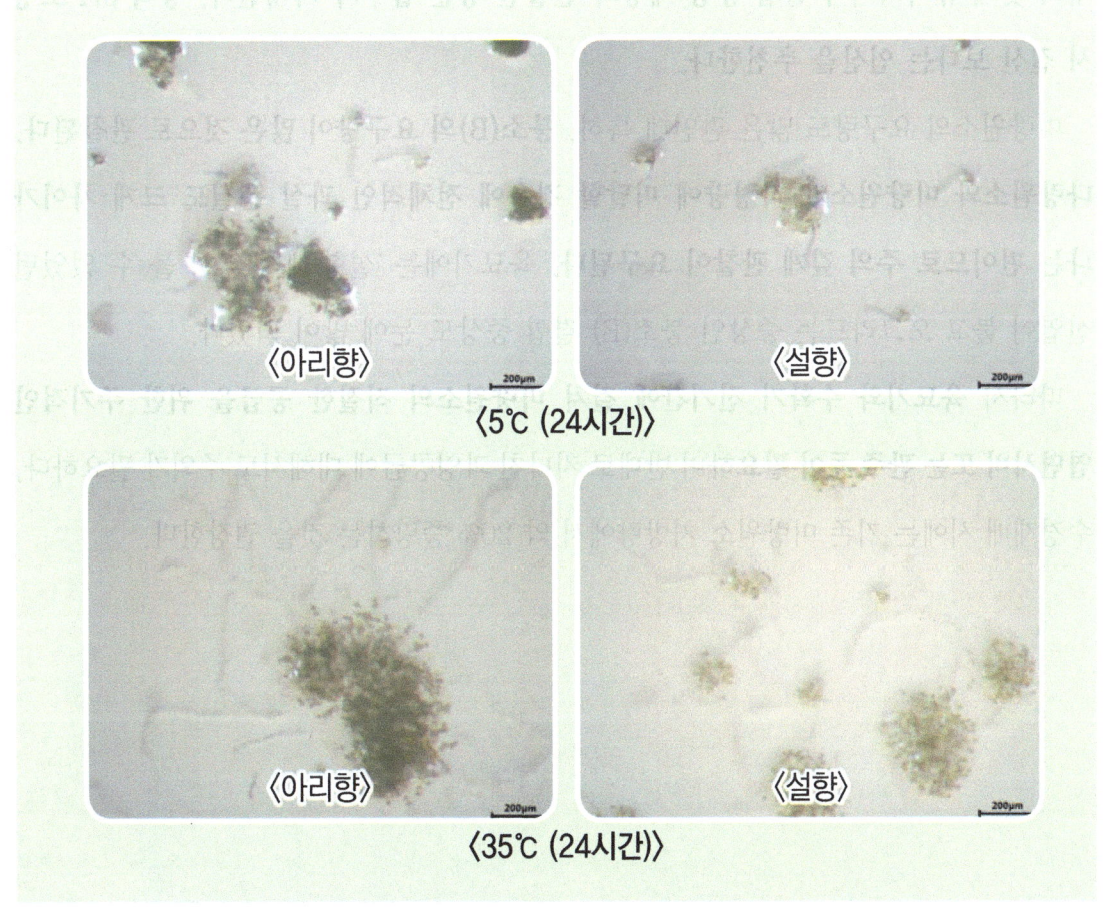

그림. 온도별 화분관 발아력 비교

또한, 화분 매개 곤충인 양봉의 세력이나 저온, 일조부족 등으로 수정벌 활동이 불량할 경우 기형과 발생이 증가할 수 있으므로 수정벌의 세력 확보가 중요하다. 화분발아에 미치는 영향이 큰 살균제와 벌 활동에 제약을 주는 살충제(살비제)는 개화기에 사용을 제한하는 것이 필요하며, 수확기에는 화분과 벌 활동에 영향이 적은 약제를 선택하여 활용한다. 무엇보다 **흰가루병은 살균제 사용보다는 유황훈증기를 설치하여 예방적으로 방제하는 것이 권장된다.**

흡비력은 매우 높은 편이며, 비료 요구량이 '설향'과는 많이 다르다. 대체로 마그네슘(Mg)과 칼리(K)의 요구량이 많은 편이고 부족할 경우 엽맥간 황화 증상과 같은 결핍증도 많이 발생한다. **적정 토양(배지) 산도(pH)는 '설향'을 기준으로 pH 0.1~0.2 내외 낮게 유지되어야 결핍 증상 예방과 원활한 양분 흡수가 기대된다. 양액 pH 조정 시 질산 보다는 인산을 추천한다.**

미량원소의 요구량도 많은 편인데 특히, **붕소(B)의 요구량이 많은 것으로 관찰된다.** 다량원소와 미량원소가 적정량에 미달할 경우에 전체적인 과실 품질도 크게 차이가 나는 편이므로 주의 깊게 관찰이 요구된다. 육묘기에는 '설향'에서 흔히 볼 수 없었던 신엽이 붙고 오그라드는 증상인 붕소(B) 결핍 증상도 눈에 많이 띄었다.

따라서 **육묘기와 수확기 전기간에 걸쳐 미량원소의 적절한 공급을 위한 주기적인 엽면시비 또는 관주 등이 필요**하며 반대로 지나친 과잉공급에 대해서도 주의가 필요하다. 수경재배 시에는 기존 미량원소 처방량에서 약 20% 증량하는 것을 권장한다.

나. 수량성

　신품종 '아리향' 평균과중은 24.1g으로 '설향'(16.1g) 및 '매향'(14.7g) 평균과중보다 높으며 특히 '설향'보다 50% 이상 대과성인 품종이다. 촉성 작형의 토경 재배에서 12월부터 5월 4일까지의 상품과(12g 이상) 총수량은 포기당 평균 800.2g으로 10a(300평)로 환산하면 6.8톤 정도로 다수성이다. '설향'보다 8%, '매향'보다 68% 많은 수치이다. 포기당 상품과 개수는 평균 29.3개로 '설향'(34.2개)보다 5개 정도 적었으나 평균과중이 높아 수량성이 높게 조사되었다. 비정형과와 기형과 비율이 다소 높았으나 12g 미만의 비상품과율이 매우 적었기 때문에 상품과율은 '설향'보다 약 7% 정도 높은 87% 수준으로 조사되었다.

　'아리향'은 25g 이상 특과가 포기당 553g으로 전체 상품과 수량의 70% 정도가 25g 이상의 대과였으며, 대조품종인 '설향'(307.5g)보다 중량 기준으로 특과가 80% 정도 많았다. 반면 적과 없이 재배했을 때, 소과(12g 미만, 비상품과)는 포기당 52g으로 매우 적어 **적과 노력이 크게 경감될 것으로 기대된다.** 딸기 가격이 높은 겨울철(12~2월 사이) 조기 수확량은 '설향'보다 많았다. 특히 **12~1월 사이의 수확량이 '설향'보다 24% 많아 겨울철 시장 출하량을 늘릴 수 있을 것으로 기대된다.**

　다만, 25g 이상의 특과는 500g 팩에 2단으로 적재하는 것이 상당히 어렵고 과실 어깨가 넓기 때문에 소형 팩에 2단 적재를 했을 때 눌리거나 모양새도 써 좋지 않으므로 **1단 형태의 포장재나 1kg 스티로폼 포장재를 활용**하여 특화하여 출하하는 것이 좋으며 신품종 특성에 적합한 포장재의 개발도 앞으로 필요하다.

　신품종 '아리향'은 다수성이나 원활한 수분수정을 통한 정형과 생산과 저온기 기형과 발생 경감을 위한 재배 환경 관리와 병해충 방제에 대해서 '설향'보다 세심한 관리가 무엇보다 요구된다.

표. '아리향'의 수량성 비교

품 종	상품과수 (개/포기)	평균과중 (g)	상품수량 (g/포기)	수량 (kg/10a)	상품과율 (%)
아리향	29.3±1.0^z	24.1±1.3	800.2±23.0	6,823	87.3±1.2
설향	34.2±0.6	16.1±0.8	741.4±11.5	6,321	80.8±2.1
매향	24.9±1.0	14.7±1.0	474.7±35.9	4,047	74.2±3.9

^{z} 표준편차
* 수확기간: '16. 12. 5. ~ '17. 5. 4. (촉성, 토경재배)
* 상품수량: 중과(12g) 이상 정상과 과중
* 상품과율: 기형과(난형과 포함)를 제외한 중과(12g) 이상 과실 비율
* 수량: 농축산물소득자료집(2015년) **딸기(촉성) 정식주수(8,526주/10a, 300평) 환산**

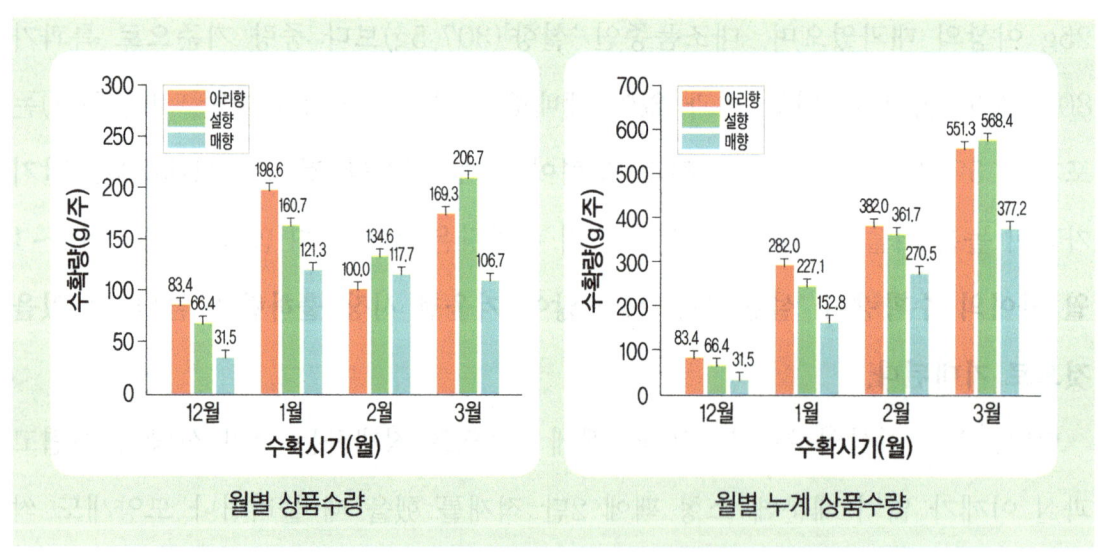

그림. '아리향' 월별 수량 비교 (1포기 기준)

* 상품수량: 중과(12g) 이상 정상과 과중
* 수확기간: '16. 12. 5. ~ '17. 5. 4. (촉성, 토경재배)

Ⅰ 아리향 주요 특성

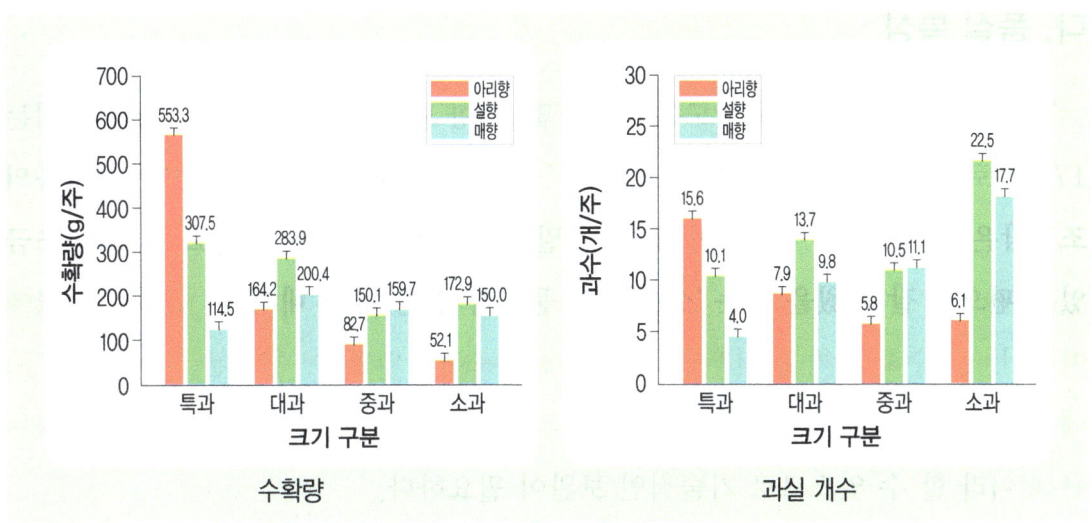

그림. '아리향' 과실 크기별 수확량 및 과수 (1포기 기준)

* 수확기간: '16. 12. 5. ~ '17. 5. 4. (촉성, 토경재배)
* 특과(25g 이상), 대과(17~25g), 중과(12~17g), 소과(12g 미만, 비상품과)

그림. '아리향' 2화방 착과상태

다. 품질 특성

'아리향' 과실의 당도와 산도는 '설향' 및 '매향'보다 다소 높은 편이며 당산비는 17.0으로 당도보다는 산도가 다소 높아 '설향'보다는 조금 낮은 경향이다. **과육의 조직감은 '설향'보다 섬유질이 많아 치밀하고 과실 품질은 대체로 신맛이 조금 있는 편으로 잘 키웠을 때는 '설향'보다 풍미가 깊은 맛을 내지만 ① 포기 세력에 따라서, ② 수확 시기를 전후한 재배 환경(온습도, 일조량, 양수분, 미량원소 등)에 따라서, ③ 숙도(착색정도)에 따라서 과실 간에 품질(맛)의 차이가 '설향'보다는 큰 편**이라 할 수 있으므로 기술적인 보완이 필요하다.

특히, 과실 품질(맛)이 숙도(착색 정도)에 따라 큰 차이를 보인다. 이는 '매향'이 50~60% 숙도, '설향'이 70~80% 숙도에서 맛이 대부분 드는 편이나 **'아리향'은 미숙과 상태에서는 당도가 낮다가 100% 숙도 또는 그 이상(100% 착색 후 2~3일 경과)의 완숙과 상태에서 맛이 올라가는** 단점을 가지고 있다. '도치오토메'도 완숙과 상태에서 맛이 최고조로 올라가는데 '아리향'도 유사한 특성이다. 다만 '아리향'은 경도가 '설향'보다 높고 '매향'과 비교해 보아도 단단한 품종이라 **100% 완숙과 상태에서 수확하는 것이 가능하다.** '아리향'의 최고 품질을 내기 위한 최적 수확시기 설정은 매우 중요한 문제이며 과실간 품질 편차는 농가 현장의 큰 애로사항이다.

과피색 및 과육색은 '매향'과 유사한 진한 붉은색(진홍색)이다. 고온기와 질소질이 많을 경우에 과피가 검붉어지는 경향을 보이며, 수확 이후에도 과실색의 변화가 있다. 다만 항산화 물질인 안토시아닌은 '설향'보다 약 15% 많았다. '설향'이 우점하고 있는 딸기 내수 시장에서 신품종이 안정적으로 정착하기 위해서는 수확 후 관리 영역에 있어서 보다 많은 검토와 연구를 통해 보완이 필요하다.

'아리향'에서 과실 품질을 최대로 끌어 올리기 위해서는 광합성을 통한 동화산물의 생산과 과실로의 원활한 전류를 위한 노력이 무엇보다 필요하다. 즉, 동화산물의 생산 공장인 잎을 최대한 확보하는 것이 우선 필요하며 이를 위해서는 육묘 과정

Ⅰ 아리향 주요 특성

중에 **대묘를 양성하고 개화 및 착과 전까지 세력 확보를 통하여 식물체내 양분을 관부와 1차근에 최대한 축적시키는 것이 필요하다.** 또한 동절기에는 적엽을 최소화하여 동화산물의 생산을 촉진한다.

순멎이 포기는 '아리향'에서 '설향'보다 많이 발생하는 편인데 이러한 순멎이 포기에서 발생하는 화방은 동화산물 부족으로 과실 품질이 매우 열악하여 상품성이 거의 없다. 따라서 **순멎이 포기는 지체없이 제거한 후 10월 상순까지 보식하거나 옆포기에서 발생한 런너(자묘)를 유인하는 것이 바람직하다.**

품종 특성상 화방 꺾임 발생이 많은 편으로 수경재배 시 화방 받침대를 설치하는 것이 필요하다. 화방 꺾임과 관련하여 토경재배에서는 특별한 조치가 필요 없으나 수경재배에서는 스티로폼 베드 구조보다 천막 베드 구조에서 화방 꺾임이 더 많으므로 재배 시 주의가 필요하다.

표. '아리향'의 과실 품질 특성 　　　　　　　　　　　　　　* (조사일) '17년 1월

품 종	당도(°Bx)	산도(%)	당산비	경도(N)	과색
아리향	10.4±0.6ᶻ	0.61±0.02	17.0±0.5	2.79±0.14	진홍
설향	10.0±0.3	0.54±0.04	18.4±2.0	2.18±0.14	선홍
매향	9.6±0.5	0.58±0.04	16.6±0.6	2.52±0.05	진홍

ᶻ 표준편차

그림. '아리향' 과실 형태

라. 병해충 저항성

'아리향'은 흰가루병이 매우 잘 발생하는 경향이며 중점 관리 대상 병해충이다. 다만, 흰가루병이 초기 발생했을 때 방제만 적기에 잘하면 무난히 넘어갈 수 있고 한 달 이상 흰가루병 발생이 지연된다. '육보'처럼 흰가루병이 발병했을 때 병원균의 주변 전파를 차단하기 위해 조직이 괴사하면서 생기는 붉은 반점이 발생하는데 이는 고도의 저항성 기작인 과민성 반응이라 할 수 있다. **세력이 좋기 때문에 적기 방제와 예방적 방제만 잘하면 재배적으로 극복이 가능하다.** '아리향'을 재배한다면 **유황훈증기 설치가 권장된다.** 흰가루병에 강한 '설향'처럼 재배 관리하거나 같은 하우스에서 '설향'과 '아리향'을 동시에 재배한다면 흰가루병 발생이 특히 많으므로 '아리향'을 기준으로 병해충을 관리하는 것이 필요하다.

잿빛곰팡이병은 '설향'에서 많이 발생하는 병인데, '아리향'은 재배 환경의 영향에 따라 '설향'보다 조금 더 발생하는 경향이다. 잿빛곰팡이병도 수확기 중점 관리 대상 병해충이지만 시설 환경 관리를 통하여 극복할 수 있다. 우선, **급격한 오전 환기 시 지나친 온도 편차로 인한 과실 이슬 맺힘과 비닐하우스 천정에 물방울이 맺혀 꽃받침에 떨어지지 않도록 주의**한다. 오전에는 순환팬과 환기팬을 가동하여 **습도를 낮추는 것이 효과적이고 적극적인 보조난방을 통하여 야간과 이른 아침의 냉해 피해를 예방하는 것이 중요하다.**

육묘기 가장 큰 중점 병해충인 탄저병과 시들음병에 대한 저항성은 없다. 탄저병은 '장희'보다는 조금 강한 편이고 시들음병은 '매향', '설향'보다는 조금 약하다. 따라서, **육묘기 집중 방제와 비가림 고설 포트 육묘가 반드시 권장되며, 육묘 및 정식 전 철저한 토양(배지) 소독이 필요**하다.

본포에서는 정식 전 화학적, 물리적인 여러 방법을 동원해 **토양(배지) 소독이 필수이다.** 예를 들어, 7~8월 태양열 소독이나 쏘일킹, NADCC 등을 통한 화학적 소독이 반드시 필요하다. '설향'도 시들음병에 약하므로 육묘기와 정식 전 본포 소독은 요즘 농가에서 많이 하고 있는 추세이다. 시들음병, 탄저병 방제는 현재 하고 있는 수준에서 병해충 관리가 요구되며 조금 더 관리에 신경 쓴다면 더욱 좋겠다.

시들음병 발생은 작은뿌리파리 발생과도 밀접한 관계가 있으므로 작은뿌리파리 방제에도 소홀함이 없어야 하겠다. '아리향'에서 **역병은 '설향'보다는 강한 편이지만 저항성이 있는 것은 아니므로 역병도 '설향' 수준에서 관리가 요구되고 토양(배지) 소독도 마찬가지로 중요하다.**

최근 육묘기 발생이 증가하고 있는 **줄기마름병은 '아리향'에서 여름철에 발생이 많은 것을 볼 수 있었다.** 코코피트 배지를 사용한 육묘 포장에서 고온 다습한 시기에 발병이 많으므로 탄저병에 준해서 관리가 필요하며 여러 치료 약제를 선정해서 정기적인 방제가 요구된다.

해충 중에는 '아리향'에서 유난히 응애가 잘 발생하는 경향을 보였으므로 응애 발생에 특히 유념하는 것이 필요하다. 응애는 딸기에 있어서 중점 관리 해충이므로 **육묘기와 정식 후 개화 직전까지 철저하고 완벽한 방제가 요구된다.** 2~3회 집중방제 시 방제효과는 높지만 아무래도 '설향'보다는 조금 더 신경 써야 한다.

'아리향'에 있어서 병해충에 대한 저항성은 많이 아쉬운 부분이고 이에 따라 '설향'보다 재배가 까다롭다. 즉, '설향'처럼 무난하여 누구나 재배가 용이한 품종은 아니다. 그러나 '설향'도 흰가루병을 제외하고는 뚜렷한 저항성이 있는 품종이 아니다. **'아리향'도 병해충에 있어서는 농가의 관심과 적절한 관리 여하에 따라 재배 기술로서 충분히 극복할 수 있는 부분이라 생각된다.**

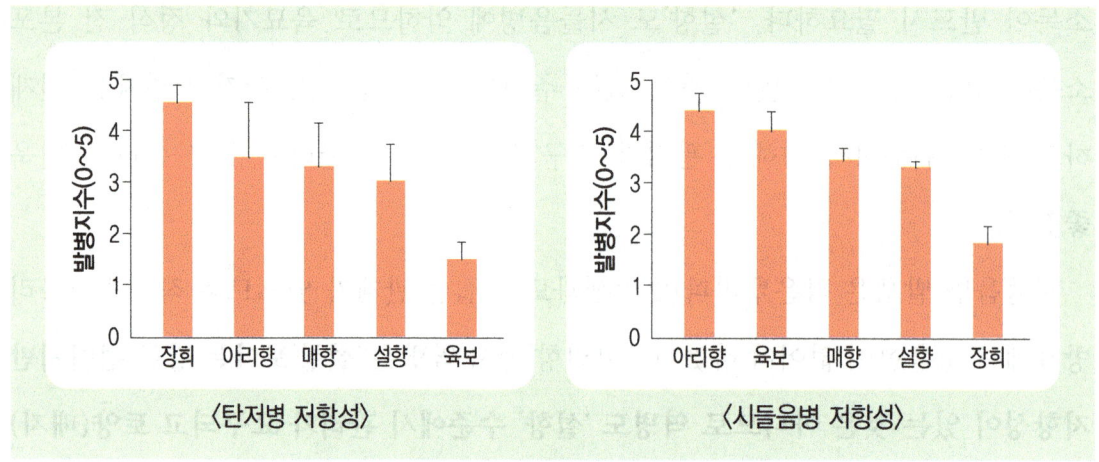

그림. '아리향'의 병해충 저항성 정도

그림. 꽃받침 부위 잿빛곰팡이병　　　그림. 역병 발병 포기의 꽃대 절개 부위

11. '아리향' 재배 시 주의할 점

1. 재배 핵심
2. 본포 관리
3. 육묘 관리

1. 재배 핵심

- **정식기 준수** : 9월 20일 전후 권장
  * 화아분화 4기(꽃받침분화기)로 충분히 화아분화 후 **대묘 정식**
  * (기대효과) 비정형과·기형과 감소, 2화방 개화 촉진, 연속 수확

- **기형과 발생 경감** : 2화방 개화~수정을 12월 상중순으로 앞당김
  * 9~10월 저질소 관리 → 2화방 연속 출뢰 유도, 수술 활력 증가, 혹한기 회피
  * 2화방 개화기 **주야간 고온 관리** : 주간(낮) 30℃, 야간(밤) 8℃
  * **개화 기간 습도는 낮추고 수정벌 세력 강하게 유지**
  * 정식 간격을 18cm 이상 넓히고 세력 좋은 **액아 1개 유지**

- **과실 품질 향상**
  * 질소↓, 인산·가리↑, 미량원소는 약 20% 증량
  * 포기 세력 강하게 유지하고 **충분한 엽수 확보**
  * 완숙과 상태의 **적기 수확** 유도
  * 토양(배지) 과습 유의하고 원활한 양수분 흡수 유도
  * 꽃대 꺾임 예방 및 순멎이 포기 제거

- **병해충 중점 방제**
  * 병해충 발생 전 예방적 방제 중요
  * 육묘기 : 시들음병, 탄저병, 줄기마름병, 역병, 흰가루병, 응애 등
  * 수확기 : 흰가루병, 잿빛곰팡이병, 응애, 진딧물 등

Ⅱ. '아리향' 재배 시 주의할 점

2. 본포 관리

1. 촉성 재배, 정식은 9월 20일 전후 권장
2. 흰가루병 발생 초기 방제 및 예방적 방제
3. 수확기 잿빛곰팡이병 발생 주의 및 환경 관리 철저
4. 시들음병, 탄저병, 역병, 작은뿌리파리 발생 주의
5. 정식~개화 직전까지 응애 집중 방제 및 주기적 방제
6. 전체적인 비료요구량은 '설향'보다 많고 잘 견딤
7. 2화방 분화 촉진(연속 출뢰)을 위한 양분 및 적엽 관리
8. 마그네슘과 칼리의 요구량이 많은 편
9. 미량원소의 주기적인 공급으로 품질 향상 및 기형과 경감
10. 순멎이묘는 일찍 포기를 제거하고 바로 보식
11. 수확기 충분한 엽수 확보와 세력을 강하게 유지
12. 화방 꽃대 꺾임 주의
13. 각 화방 비정형과(부채과, 넓적과, 골진과) 적화·적과
14. 착색 100%의 완숙단계에서 수확해야 품종 고유의 맛이 듦
15. 겨울철 기형과 발생 경감을 위한 시설 환경 관리
16. 포장재는 1단 포장, 스티로폼(1kg) 출하 권장
17. 봄철 과실 품질 향상을 위한 관리

딸기 신품종 아리향 재배 매뉴얼

1 촉성 재배, 정식은 9월 20일 전후 권장

- 같은 육묘 조건일 때, 화아분화는 '설향'보다 2~3일 정도 빠른 편이나 흡비력이 좋아 2화방이 지연될 수 있으므로 **'설향'보다 7~10일 늦은 9월 20일 전후 정식 필요**

- 육묘 중의 질소 농도, 묘령 등에 따라 화아분화 시기도 달라지는데 질소농도가 높을수록, 자묘의 묘령이 어릴수록 화아분화가 늦어지므로 이에 따라 정식시기도 늦추는 등 정식기 조절 필요

- 정화방 화수가 적기 때문에 2화방의 연속 출뢰가 다수확 성공의 관건이며 1화방의 착과 부담 직전에 2화방의 개화와 착과를 12월 상순까지 앞당길 경우 2화방 기형과 발생 경감 가능

- 흡비력이 '설향'보다 강한 편으로 너무 일찍 심을 경우 비정형과 발생 빈도 증가. 적절한 양분관리를 통해 정형과 생산과 2화방 분화 촉진 필요

그림. '아리향'과 '설향'의 1화방 착과 상태 (무적과 재배)

2 흰가루병 발생 초기 방제 및 예방적 방제

- 같은 포장에 '아리향'과 '설향'을 정식할 경우 흰가루병 발생으로 인해 '아리향'이 제 특성을 발휘하지 못 할 수 있음
- '매향'이나 '장희' 재배에 준해서 **흰가루병 집중 관리 필요**
- **정식 후~개화 직전까지 집중적, 예방적, 정기적인 방제 필수**
- **유황훈증기 설치 및 사용 권장**
  ※ 개화전 살균제 살포 후 개화 초기~수확 종료기까지 유황훈증기 적극 사용
- 흰가루병은 일교차가 큰 시기에 발생이 많으며 이 시기에 집중 방제 필요
  ※ 정식포장에서는 10월~11월 사이, 봄철 3~5월 사이 발생 주의
- 수확기 꼼꼼한 예찰 및 방제 → 초기 흰가루병 발생 시 전용 약제 집중 방제(2회 내외/주) 시 효과 매우 높음. 방제 시기를 조금이라도 놓칠 경우 방제는 더욱 어려워 짐
  ※ 힌트, 머큐리, 비반도의 방제효과가 우수함
  (단, 머큐리는 다른 약제와 혼용 절대 금지, 약해 발생)
  ※ 유기유황계 계통 살균제는 예방적으로 사용(치료효과 적음)

그림. '아리향' 꽃대 부위 흰가루병 발병

유황훈증기 설치 및 사용 방법

- 단동하우스(길이 약 100m)에 훈증기 7~8개를 균등하게 간격을 나누어 가운데에 1열로 설치
  ※ (설치간격) 출입문에서 5~6m 띄우고 12~15m 간격
- 하우스의 중간 가로대에 끈을 이용해서 매다는데 딸기 잎 끝보다 20~50㎝쯤 높게 설치하고 훈증기 위쪽 20㎝ 부분에 갓을 씌움
- 타이머를 연결해 하우스 안의 훈증기를 한꺼번에 켜고 끌 수 있도록 함
  ※ 훈증기 전기 소요량(보통 45W 내외/대) 참고하여 설치·운영
- 유황은 순도 99% 이상의 것을 사용하고 화재 위험성이 있으므로 한번에 유황 약 120g(종이컵 1개 분량)을 그릇에 담고 부족한 경우 보충
- 작업문과 측창을 닫고 대류가 강한 저녁(6시 전후)부터 예방은 1~2시간, 치료는 3~5시간 가량 매일 가동
- 다음날 아침 하우스 온도가 20℃에 오르기 전에 환기하고 농작업 시에는 충분히 환기 후 출입

그림. 유황훈증기 설치 비닐하우스

〈적정(훈증 최대)〉

〈유황 많음(훈증량 부족)〉

〈유황 부족(훈증량 부족)〉

그림. 유황 적정량

수확기 잿빛곰팡이병 발생 주의 및 환경 관리 철저

- '설향'보다 잿빛곰팡이병이 약한 경향으로 보다 세밀한 시설 환경 관리 필요
- 야간 냉해 방지, 낮 동안 시설 내부 과습 주의
- 오전 환기 시 갓골에 찬바람을 직접 맞아 냉해를 입지 않도록 주의
- 과실온도와 기온간 편차에 의하여 과실에 결로가 맺히지 않고 안개가 끼지 않도록 오전 환기 시 주의 필요
- 비닐에 맺힌 물방울이 화방의 꽃받침에 바로 떨어지지 않도록 비닐은 무적성이 높은 필름으로 매년 교체

그림. '아리향' 잿빛곰팡이병

 ## 시들음병, 탄저병, 역병, 작은뿌리파리 발생 주의

- 시들음병, 탄저병 모두 '설향'보다 약하며 '매향' 수준에서 관리 필요
- 역병은 '설향'보다 '아리향'이 조금 강하나 저항성이 높은 편은 아님
- 따라서 **정식 전 토양(배지)소독을 철저히 함**
- 정식 후에는 시들음병, 탄저병, 역병, 작은뿌리파리 적용 관주용 약제 처리 필수 (정식 후 2~3회 이상)
- 작은뿌리파리 약제 중 **벌 독성이 높은 약제는 정식 후 절대 사용 금지**
  ※ 디노테퓨란(팬텀, 오신), 빗장, 아타라 등 개화 시점 2~3달 전에 사용 금지

 ## 정식~개화 직전까지 응애 집중 방제 및 주기적 방제

- '설향'보다 응애 발생이 많으며 '매향'과 유사하게 발생하므로 주의 필요
- 응애는 육묘기 때 1차적으로 집중 관리가 필요하며, 정식 후 개화 직전까지가 응애 밀도를 최대한 낮추기 위한 적극적인 방제 노력 필요
  ※ 개화 이후~수확기에는 사용할 수 있는 약제와 사용 횟수가 매우 제한되므로 응애 밀도를 낮추기가 매우 어려움을 인식
- 응애 밀도가 높을 경우 잎 뒷면까지 꼼꼼하게 방제. 작용기작이 다른 약제를 돌아가면서 2~3회 집중 방제

II. '아리향' 재배 시 주의할 점

 전체적인 비료요구량은 '설향'보다 많고 잘 견딤

- 비료요구량 뿐만 아니라 흡비력이 설향보다 높은 경향으로 초세를 보아가며 적절한 양분 관리 필요
- 토양재배일 경우 수확기에 적절한 양수분 관리로 과실 품질 향상 필요
- 수확기에는 과실 품질을 높이기 위해서 원활한 수분 수정과 연속 출뢰를 지연시키지 않는 범위에서 어느 정도 높은 영양 관리가 필요
- 다비 조건에서 칼슘결핍(신엽 팁번증상)은 설향보다 덜한 편이나 발생이 전혀 없는 품종은 아니므로 주의 깊게 관찰하고 대응 필요

7 2화방 분화 촉진(연속 출뢰)을 위한 양분 및 적엽 관리

- 토양 재배 시 본포에서 추비는 조금 늦게 시비하고 10월 중순까지 4매 남기고 적엽 → 2화방 연속 출뢰 유도
- 정화방 적화·적과에 의한 화수 조절로 착과 부담 경감 → 2화방 연속 출뢰와 중간 휴식 없는 연속 수확 기대

 마그네슘과 칼리의 요구량이 많은 편

- '아리향'에서 마그네슘 결핍 시 초기 엽맥 사이 황화 증상을 보이는 경향이 있으므로 적절히 대응 필요
- 과실 품질을 끌어올리기 위해서는 칼리 등을 보다 많이 요구함
- 마그네슘과 칼리 함유량이 높은 관주용 비료 추비 사용 권장

미량원소의 주기적인 공급으로 품질 향상 및 기형과 경감

- 붕소(B) 요구량이 높은 것으로 추정되므로 보다 적극적으로 관주나 엽면시비 형태로 미량원소 공급
- **미량원소가 품질과 기형과 발생에 미치는 영향이 큰 것으로 보이므로 '설향' 보다는 자주 관주 형태로 정기 시비**
- 수경재배에서는 기존 미량원소 처방량의 약 20% 내외 증량

 순멎이묘는 일찍 포기를 제거하고 바로 보식

- 육묘기 배지의 잦은 건조 스트레스는 순멎이묘 발생을 증가 시킴
- 순멎이묘에서 수확된 과실은 품질이 매우 나쁘므로(과실 흑변, 당도 낮음) 상품성이 거의 없음
- 순멎이묘에서 발생하는 과실은 수확하지 말고 **포기째 일찍 제거하고 정상묘로 보식하거나 10월 상·중순경까지 옆 포기에서 발생한 런너(자묘)를 유인 배치**

그림. '아리향' 순멎이 포기

11 수확기 충분한 엽수 확보와 세력을 강하게 유지

- 1화방 착과 부담이 걸리기 전에 충분한 세력 확보가 필요
  ※ 관부를 최대한 키우고, 엽수 최대한 확보, 초장 25cm 내외를 목표
- **수확기 엽수 부족과 세력 저하는 과실 품질과 기형과 발생에 미치는 영향이 매우 크므로 겨울철 수확기 강한 적엽 금지**
- 겨울철에는 엽수를 최대한 확보하는 것이 품질 향상에 도움이 됨
- **겨울철 수확기에는 노화된 잎과 화방을 가리는 잎 등 소수의 잎만 제거하고** 봄철(3월 이후)에는 강한 적엽으로 영양생장과 생식 생장 균형 조절 필요
- 액아 관리 방법
  ① 액아는 초기부터 모두 제거하면서 재배
  ② **정부 세력과 거의 같은 액아를 1개 남기고 재배하면 기형과 발생 회피 가능**

12 화방 꽃대 꺾임 주의

- '아리향' 재배 시 꽃대 꺾임이 잘 발생할 수 있으며 꺾임으로 인한 품질 저하(검붉은 과실, 당도 저하)와 수량 감소가 매우 큼
- 토경 재배 시 두둑의 각이 심하지 않도록 하고 수경재배 시에는 스티로폼 베드 권장, 배지량 증량, 화방 받침대 설치 등 대응 필요

그림. 정부와 액아 세력 관리

그림. 꽃대 꺾임 주의

13 각 화방 비정형과(부채과, 넓적과, 골진과) 적화·적과

- 화방 세력이 강할수록 1~2번과에서 비정형과 발생 많음
- 비상품과는 조기에 제거하여 상품과율 향상
  ※ 개화상태에서 암술 모양을 보고 못생긴 암술은 신속히 제거
- **1화방의 착과부담은 2화방의 세력 약화 및 기형과 발생률을 높이므로** 포기의 세력을 보아가며 적절한 적화·적과 작업이 필요하며 정화방은 7개 수확을 목표로 세력에 따라 2~3개를 더하거나 **뺌**
  ※ '아리향'은 꽃수가 적어 적화·적과 노력은 적게 소요됨
- **정화방 적화·적과 시 1, 2번과의 상품가치가 떨어지는 비정형과(부채과, 넓적과, 골진과)를 먼저 제거한 후에 끝과(소과)를 제거**
- 2화방은 시설내 재배 환경 조건 불량, 겨울철 일조 부족과 정화방 착과 부담에 따른 세력 저하에 따라 화분활력 저하와 화분량 감소로 기형과 발생이 많을 수 있으므로 **2화방은 빠른 꽃솎음(적화) 보다는 착과(수정) 상태를 보아가며 기형과 중심으로 조금 늦게 적과하는 것이 필요할 수 있음**

그림. '아리향' 넓적과 꽃

그림. '아리향' 비정형과(화살표)

Ⅱ '아리향' 재배 시 주의할 점

그림. '아리향' 1번과 비정형과

 **착색 100%의 완숙 단계에서 수확해야 품종 고유의 맛이 듦**

- 100% 착색되기 전에는 맛이 떨어지나 완숙된 과일은 품질이 양호하므로 수확 시 숙도(착색 정도)에 신경쓰는 것이 필요

- 과실 착색이 빠른 반면 맛이 늦게 듦

- 숙도(착색 정도)에 따라 품질(당도) 차이가 크므로 주의 요구됨. 완숙된 상태에서 2~3일 정도 더 익힐 경우 당도가 더 오름

- 다만, 지나친 완숙 시 과피색이 검붉은 것에 주의가 요구되고 오래 과실을 매달아 둘 경우 착과 부담을 유발할 수 있음

- 하우스 방향이 동서방향으로 위치할 경우 그늘진 북향골에서는 착색이 더디고 오래 놔둘 경우 과실이 검붉어지는 것에 주의 필요

- 아리향은 완숙단계에서 수확하고 유통하는 것이 중요하므로 설향 만큼이나 경도 관리가 매우 요구됨

그림. '아리향' 숙도(착색 정도) 변화

15 겨울철 기형과 발생 경감을 위한 시설 환경 관리

- 2화방 기형과는 포기 세력과 온도 유지 등 시설 환경 관리가 복합적으로 작용하여 발생됨

- 대묘로 키워 정식하는 것이 유리하고 정화방 개화기인 **10월 전후로 세력 확보 (관부 굵게, 1차근 많게)가 무엇보다 중요**

- **야간 8℃이상 목표, 낮온도 또한 '설향'보다 1~2℃ 높게 관리(겨울철 최대 27~28℃ 유지)**

    ※ 수막 재배만으로는 원활한 재배가 어려울 수 있고 온풍난방기 등을 갖춘 시설이어야 아리향 특성을 최대한 발휘 가능

- **주간에 순환·환기팬을 가동하고 과습하지 않도록 하여 꽃가루 활력을 최대한 높임**

    ※ 2화방 개화기에 낮온도를 30℃ 가까이 유지하면서 습도 낮춰 관리

- 개화시점~수확종료기까지 **벌 세력 강하게 유지**

Ⅱ '아리향' 재배 시 주의할 점

- 대과이기 때문에 암술 선단부 성숙이 조금 늦은 경향으로 이에 따라 **선단 불수정과(선첨과)**가 나타날 수 있음 → **낮온도를 설향보다 고온 관리하여 어느 정도 극복 가능하고, 다비 조건일 때 발생이 심할 것이므로 양분 관리 주의 필요**

그림. 2화방 기형과   그림. '아리향' 선첨과(선단 불수정과)

16 포장재는 1단 포장, 스티로폼(1kg) 출하 권장

- 25g 이상 특과 비율이 높기 때문에 500g팩 2단 포장보다는 1단 포장이나 스티로폼 포장이 어울림
- 30g 이상 특과는 1단 난좌로 완숙과 상태에서 포장하여 출하 권장

그림. '아리향' 스티로폼(1kg) 포장

17 봄철 과실 품질 향상을 위한 관리

- 생식생장에서 영양생장으로 전환되는 3월을 전후하여 급격하게 품질이 떨어지는 시기가 올 수 있으므로 주의 깊게 관찰하고 적절한 대응 필요

- 이 때, 과실쪽으로 동화산물 전류량을 높이기 위하여 인산, 칼리 공급량을 늘리는 방향으로 양분을 공급하고 미량원소도 부족함이 없도록 별도 관주 시비 관리가 요망됨

- 봄철 이후 낮 온도는 30℃ 이상 지나치게 오르지 않도록 관리하는 것이 필요하며 환기에 보다 철저를 기할 것

- 벌통은 보통 3월 이후에 빼는데, 수확기를 5월 이후까지 이어가려면 벌통은 4월 말까지는 유지시키고 벌 세력도 끝까지 관리하는 것이 필요할 것임

- 봄철 응애 발생도 크게 증가할 수 있으므로 3월 이후에 강한 적엽을 하면서 응애 밀도 조절을 위한 방제에 신경 쓸 필요가 있음

- 봄철 후기에 꼭지 빠짐이 발생한 경우가 일부 있었고 품질 관리가 제대로 안될 경우 수확 후 유통기간이 매우 짧아질 수 있음. 수확 후기까지 잿빛곰팡이병 등 부생성 병에 대한 예방적 관리와 시설 내부 청결 유지가 필요함

- 최근, 전국에서 다발생하고 있는 꽃곰팡이병 발생과 이로 인한 기형과 발생 경감을 위해서는 흰가루병(힌트, 머큐리 등) 약제를 적용하여 주기적인 방제 필요

II. '아리향' 재배 시 주의할 점

※ 기타 과실에서 발생된 생리 장해

- 백색으로 탈색되는 알비노 증상이 더러 발생되는데 발생된 과실은 상품성이 없으므로 즉시 제거

그림. 알비노 증상 과일

- 착과상태에서 검붉은 상태의 과실은 맛이 없음
  - ※ 발생원인: 화방 꺾임, 세력 약함, 순멎이 포기

그림. 화방 꺾임 과실(검붉음)   그림. (위) 정상 과일 (아래) 검붉은 과일

39

II. '아리향' 재배 시 주의할 점

3. 육묘 관리

1. 모주 정식은 3월 하순이 적기, 관부직경 9mm 이상 최적
2. 모주 정식 후 초기에 양분 공급으로 런너 발생 촉진
3. 자묘 붕소(B) 결핍 발생 주의 및 엽면시비
4. 모주의 휴면이 불충분할 경우 1차묘에서 순멎이묘 발생
5. 육묘 초기에는 생육 억제에 주의
6. 자묘용 배지의 건조 반복 시 순멎이묘 발생 증가 주의
7. 모주의 잎은 자묘 받기 완료 후 지체없이 제거
8. 자묘 적엽은 묘소질 향상과 화아분화 촉진
9. 흰가루병은 육묘기에도 중점 관리가 필요한 병
10. 탄저병, 시들음병, 역병, 작은뿌리파리 방제는 기본
11. 응애는 집중적이면서 정기적으로 방제 필요
12. 여름철 고온다습한 시기에 줄기마름병 발생에 주의

 ## 모주 정식은 3월 하순이 적기, 관부직경 9mm 이상 최적

- '설향' 포트 육묘에 준해서 육묘 관리하고 '설향'과는 다르게 육묘기 흰가루병 발생이 많으므로 이점에 유념하여 예방적 관리
- 육묘기 양분 요구량은 '설향'보다 많이 필요한 경향이며 적정한 양분이 공급되었을 때 세력이 좋음. 칼슘 결핍(팁번) 증상은 '설향'보다 덜 발생하는 편
- 자묘의 묘소질이 정식 후 수량과 품질에 미치는 영향이 매우 큼
- 60일~70일묘(6월말까지 자묘받기 완료), 관부크기는 9mm 이상이 수량과 품질이 가장 양호하며 관부직경 7mm 이상도 정식묘로 쓸만한 정도 수준이나 수량과 품질 향상을 위해서는 대묘 양성이 절대 관건임

표. '아리향' 자묘 묘소질에 따른 수량 특성

관부직경	평균과중(g)	상품과수 (개/주)	상품수량 (g/주)	비상품수량(g/주)		상품과율 (%)
				12g미만	기형과	
관부A	25.6±0.8^z	26.8±2.3	737.4±78.3	28.1±1.9	33.3±6.9	92.2±1.3
관부B	23.9±0.8	25.0±0.6	653.3±26.5	29.5±3.0	43.4±3.8	90.0±0.7
관부C	25.5±1.0	23.5±1.1	659.3±56.0	28.1±5.2	42.0±3.6	90.3±1.1

* 관부A: 9~11mm 미만, 관부B: 7~9mm 미만, 관부C: 5~7mm 미만
* 정식일: '16. 9. 7. ^{z}표준편차

표. '아리향' 자묘 묘소질에 따른 품질 특성

관부직경	경도(N)	당도(°Bx)	산도(%)	당산비
관부A	2.5±0.29^z	9.7±0.25	0.63±0.01	15.5±0.4
관부B	2.4±0.66	9.9±0.64	0.62±0.02	16.0±1.3
관부C	2.6±0.20	8.6±0.66	0.80±0.08	10.8±0.7

* 관부A: 9~11mm 미만, 관부B: 7~9mm 미만, 관부C: 5~7mm 미만
* 정식일: '16. 9. 7. ^{z}표준편차

2 모주 정식 후 초기에 양분 공급으로 런너 발생 촉진

- 모주 활착 후 30-10-10 관주용 비료 1,000~2,000배액 관주(약 2주간, 단기 사용)하여 초기 모주 세력 확보 중요

- 이후 자묘받기를 완료할 때까지 육묘 전용 양액이나 20-20-20 관주용 비료 등을 적절히 사용하여 양분 관리

- 질소질을 포함한 양분 공급은 7월말까지 대부분 마무리하고 8월 이후~정식 전까지 화아분화 촉진을 위한 양분 관리로 전환
  ※ 8월 중 인산가리 중심 관주 또는 엽면 살포 등

(촬영일) '17. 6월 중순, 진주

그림. '아리향' 육묘 중기   그림. (좌)'아리향', (우)'매향'

3 자묘 붕소(B) 결핍 다발생 주의 및 엽면시비

- 육묘기 전반에 걸쳐 정기적으로 미량원소를 엽면시비(1~2회 내외/월)하며 결핍 증상 발생시 추가 엽면시비
- 질소질이 과다할 경우 발생이 많으므로 붕소 결핍증 발생 시 질소시비량 조절

그림. 육묘기 자묘 붕소 결핍증

4 모주의 휴면이 불충분할 경우 1차묘에서 순멎이묘 발생

- 겨울철 모주의 저온처리는 '설향'에 준해서 관리(5℃미만, 700시간 이상)
- **(순멎이 증상)** 1차묘에서 꽃대가 올라오고 속잎이 안나옴
- **(대책)** ① 모주 월동 시 휴면 충분히 경과시킴 ② 순멎이묘(1차묘)는 잎제거하고 런너를 남겨놓아 2차묘부터 자묘받기 가능

그림. 1차 자묘 순멎이 증상   그림. 순멎이묘 잎·화방 제거 후 런너 유인

5 육묘 초기에는 생육 억제에 주의

- 억제 효과가 큰 트리아졸계 살균제(빈나리, 실바코, 살림꾼 등)는 자묘 발생기 및 육묘 후기인 8월 중 살포 금지
  - ※ 단, 자묘 받기 완료 후 7월 중에 살림꾼(1회만, 6.7ml/20리터, 3,000배)을 흘러내리지 않을 정도로 엽면 살포하면 지하부 발달과 화아분화 촉진 기대(8월 중 살포 금지)
- 스포르곤도 살포 간격이 아주 짧을 경우 억제에 주의가 필요하나 병해(탄저병, 시들음병) 방제에는 효과가 우수하므로 적절히 활용
- 모주가 도장할 수 있으므로 차광막은 최대한 늦게 설치
  - ※ 런너가 1~2개 정도 타기 시작하는 시점 차광막 설치

6 자묘용 배지의 건조 반복 시 순멎이묘 발생 증가 주의

- 자묘 관수 시점 이후부터는 배지가 마르지 않게 관수 관리 철저
- 지나친 질소 과용과 부족도 순멎이묘 발생에 영향을 줄 수 있음

Ⅱ '아리향' 재배 시 주의할 점

 모주의 잎은 자묘 받기 완료 후 지체없이 제거

- 모주잎은 자묘와 경합하여 도장하고 통기성 불량과 응애 발생 등 병해충을 유발할 수 있으므로 자묘받기 완료 후 모주잎 즉시 제거

- 모주 잎을 손으로 훑었을 때 작업시간도 단축되고 줄기가 타들어가는 것을 예방하는데 효과적임

그림. 모주 엽병 중간 가위 절단　　　그림. 모주잎 손으로 훑기

 자묘 적엽은 묘소질 향상과 화아분화 촉진

- 자묘 적엽과 불필요한 자묘 정리로 통기성 확보. 적엽은 도장 억제 등 묘소질 향상과 화아분화 촉진에 있어서 매우 중요한 작업

- 잎이 노화될 경우 쉽게 썩는 경향이 있으므로 빨리 제거하는 것이 필요

- 3매를 남기고 적엽하며 7~8월 중에 2~3회 작업

- 적엽 작업 종료 후에는 당일 지체 없이 탄저병 약제 등 살균제 살포 필수

  ※ 스포르곤, 카브리오 등 치료 약제 선택하여 살포 권장

9 흰가루병은 육묘기에도 중점 관리가 필요한 병

- 육묘기에 흰가루병이 주로 발생하는 시기는 **일교차가 큰 4~5월 사이와 장마로 일조가 부족하고 습도가 높은 7월 중하순을 전후**하여 발생하는 경향이므로 이 시기에 집중 방제

- 육묘 초기부터 정기적으로 예방적인 방제를 하고 초기 발생 시 적극 방제(2회/주) 필요. 흰가루병 발생이 만연하면 방제가 더욱 힘들고 방제노력과 비용 또한 증가하므로 초기 방제가 핵심

그림. '아리향' 육묘기 흰가루병 발병

탄저병, 시들음병, 역병, 작은뿌리파리 방제는 기본

- 육묘기 병발생 억제를 위한 **비가림 고설 포트 육묘와 점적관수 시설 적극 권장**
- **모주정식 전 베드, 상토(배지) 소독, 런너 고정핀 소독 철저**
- **정기적인 예방적 방제가 필요**하며 발병 포기는 신속히 제거하여 주변으로 확산 방지하고 치료 약제 집중 살포

  ※ 1~2회/주(4~8회/월), 4~7일 간격

  ※ 매회 방제 시 살균제 + 살충제 혼용 처리

  ※ 병해충에 따라 엽면살포와 조루관주 형태를 선택하여 방제

  ※ 예) • **탄저병, 흰가루병, 응애, 진딧물 방제 → 엽면살포**
  　　　(탄저병은 관부까지 흘러내릴 정도로 충분히 살포)

  　　　• **시들음병, 역병, 작은뿌리파리 방제 → 조루관주**

 **응애는 집중적이면서 정기적으로 방제 필요**

- 고온기에 '아리향'에서 특히 발생이 많음. 육묘 초기 런너 발생 전까지 모주에 집중적인 초기 방제로 밀도 증가 억제
- **모주 정식 이후부터 본포 정식 전까지 집중 방제하여 완벽한 박멸 필요**

  ※ 발생이 심할 경우 2회/주 또는 3~5일 간격 엽면 살포, 예방적으로 1회/주 또는 7~10일 간격 엽면 살포(3회 이상/월)

- 농약 희석 시 수질의 중탄산 및 pH 7.0 이상으로 높을 경우 병해충 방제 효과가 떨어지므로 중탄산을 중화시킨 후 농약 희석, 살포 권장

12 여름철 고온다습한 시기에 줄기마름병 발생에 주의

- 고온 다습한 여름철 런너가 타들어가는 증상 많이 발생하며, 특히 코코피트 계열의 배지일 경우에 많이 발생함

- 탄저병에 준해서 약제를 선택하고 발생 전 미리 방제 요망. **자묘 받기 완료 후 통풍이 불량한 여름철 집중 발생되므로 주의 필요**

- 스포르곤+몬카트 혼용 살포 효과가 좋으나 자묘 발생 억제에 주의하면서 사용

- 다코닐에이스(액상수화제)도 효과가 높은 것으로 보고되나 고온기 살포 시 약해에 주의 요망

- 새 상토라도 예방적으로 소독 등이 필요하며 런너 고정핀은 반드시 소독(NADCC 등 활용)하여 사용

그림. 줄기마름병 발생

부록

| 병해충 방제력
| '아리향' 시범재배 전경
| 작업일지

병해충 방제력

※ 출처: 논산딸기시험장(남명현 팀장)

병해충 (처리방법)	3월 중하	4월 중순	4월 하순	5월 상순	5월 중순	5월 하순
탄저병 (흘러내리게)	NaDCC로 감염주 선발	스포르곤	오티바			
시들음병 (조루관주)				스포르곤 미리본		
역병 (조루관주)		래버스	커튼/ 코사이드			
흰가루병 (엽면살포)				힌트	비반도	
작은뿌리파리 (조루관주)	테라피입제			오신/빗장		
진딧물 (엽면살포)				세티스/ 모벤토		모스피란/ 모벤토
응애 (엽면살포)						밀베노크

병해충(처리방법)	6월 상순	6월 중순	6월 하순	7월 상순	7월 중순
탄저병(흘러내리게) 줄기마름병(관주)	단단	스포르곤/ 오티바	다코닐에이스	스포르곤/ 벨쿠트	카브리오/ 오티바
시들음병(관주) 역병(관주)		미리본	스포르곤+ 래버스	커튼(엽면)	
작은뿌리파리(관주)	오신/빗장		테라피입제		
흰가루병(엽면살포)	힌트/머큐리/ 크린캡 등	산요루/ 해비치			
응애(엽면살포)	올스타/밀베 노크/쇼크 등				
나방(엽면살포)					에이팜/ 아리엑설트 등

* 작은뿌리파리 : 비가 연속적 오거나 장마기에는 추가로 처리
* 대표적인 약제의 상표명을 표기했으며 성분이 같은 등록된 약제를 사용

부록

병해충(처리방법)	7월 하순	8월 상순	8월 중순	8월 하순	9월 상순 (정식 전)
탄저병(흘러내리게) 줄기마름병(조루관주)	스포르곤+몬카트 (조루관주)	스프르곤+몬카트 (조루관주)	오티바	스포르곤	보가드
시들음병, 역병 (조루관주)		코사이드/코사이드옵티		미리본	
작은뿌리파리 (조루관주)	오신/빗장	테라피입제			천하평정
응애(엽면살포)	쇼크/파워샷	밀베노크			밀베노크+쇼크
나방(엽면살포)	델리게이트	스튜어드골드			

병해충(처리방법)	9월 상순 (정식후)	9월 중순	9월 하순	10월 상순 (멀칭전후)	10월 중순
탄저병(흘러내리게)	스포르곤 (정식직후)	스프르곤+래버스 (뿌리활착 후)		스포르곤/보가드/오티바	
시들음병(관주) 역병(관주)			래버스 (잎작업 후)	미리본	
작은뿌리파리(관주)	테라피입제		천하평정/노몰트/벨스모		천하평정/노몰트/벨스모
진딧물(엽면살포)				모벤토/모스피란/칼립소	모벤토/세티스
응애(엽면살포)				밀베노크/쇼크/파워샷	밀베노크+쇼크/파워샷
나방, 총채벌레 (엽면살포)	델리게이트/알타코아	스튜어드골드			스피노사드

* 대표적인 약제의 상표명을 표기했으며 성분이 같은 등록된 약제를 사용

병해충 (처리방법)	10월 하순	11월 초순	11월 중순	12월 상순	12월 중순	12월 하순
흰가루병 (엽면살포) 꽃곰팡이병	머큐리/ (혼용금지) 비반도	새나리			힌트/ 에머넌트	머큐리 (혼용금지)
잿빛곰팡이병 (엽면살포)					사파이어	에스원
작은뿌리파리 (관주)	천하평정					
진딧물 (엽면살포)	세티스					
응애 (엽면살포)						
총채벌레 (엽면살포)	스피노사드					

병해충 (처리방법)	1월 상순	1월 중순	1월 하순	2월 상순	2월 중순	2월 하순
흰가루병 (엽면살포) 꽃곰팡이병	힌트	머큐리				
잿빛곰팡이병 (엽면살포)	사파이어	칸투스	미토스			
작은뿌리파리 (관주)						
진딧물 (엽면살포)						
응애 (엽면살포)				밀베노크+ 쇼크/ 파워샷	밀베노크+ 쇼크/ 파워샷	
총채벌레 (엽면살포)						

*대표적인 약제의 상표명을 표기했으며 성분이 같은 등록된 약제를 사용

부록

병해충 (처리방법)	3월 상순	3월 중순	3월 하순	4월 상순	4월 중순	4월 하순
흰가루병 (엽면살포) 꽃곰팡이병		힌트	머큐리 (혼용금지)	힌트	머큐리 (혼용금지)	
잿빛곰팡이병 (엽면살포)						
작은뿌리파리 (관주)						
진딧물 (엽면살포)						
응애 (엽면살포)	밀베노크+ 주움	쇼크/ 파워샷				
총채벌레 (엽면살포)			칼립소/ 델리게이트			

*대표적인 약제의 상표명을 표기했으며 성분이 같은 등록된 약제를 사용

■ '아리향' 시범재배 전경

〈설향〉 〈아리향〉

충남 홍성('17.12.12.)

경남 사천('17.12.19.)

경남 진주 대평 ('17.11.17.)

〈장희〉　　　　　〈아리향〉　　　　　〈설향〉

경남 진주 수곡 ('17.12.19.)

작업 일지

월	일	내가 한 작업 적어보기
9	상순 (1-10)	
	중순 (11-20)	
	하순 (21-31)	
10	상순 (1-10)	
	중순 (11-20)	
	하순 (21-31)	

부록

월	일	내가 한 작업 적어보기
11	상순 (1-10)	
	중순 (11-20)	
	하순 (21-31)	
12	상순 (1-10)	
	중순 (11-20)	
	하순 (21-31)	

월	일	내가 한 작업 적어보기
1	상순 (1-10)	
	중순 (11-20)	
	하순 (21-31)	
2	상순 (1-10)	
	중순 (11-20)	
	하순 (21-31)	

월	일	내가 한 작업 적어보기
3	상순 (1-10)	
	중순 (11-20)	
	하순 (21-31)	
4	상순 (1-10)	
	중순 (11-20)	
	하순 (21-31)	

월	일	내가 한 작업 적어보기
5	상순 (1-10)	
	중순 (11-20)	
	하순 (21-31)	
6	상순 (1-10)	
	중순 (11-20)	
	하순 (21-31)	

월	일	내가 한 작업 적어보기
7	상순 (1–10)	
7	중순 (11–20)	
7	하순 (21–31)	
8	상순 (1–10)	
8	중순 (11–20)	
8	하순 (21–31)	

※ 작성해 주신 일지와 메모는 향후 매뉴얼 갱신에 큰 도움이 될 것입니다.

부록

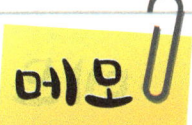

※ 작성해 주신 일지와 메모는 향후 매뉴얼 갱신에 큰 도움이 될 것입니다.

※ 작성해 주신 일지와 메모는 향후 매뉴얼 갱신에 큰 도움이 될 것입니다.

편 집 인　국립원예특작과학원 원예작물부장 신학기
편집 및 기획　김대현, 문지혜
집 필 인　국립원예특작과학원 김대영(대표저자)
　　　　　　　　　　　이선이, 이옥진, 김상규
　　　　　(병해충 저항성 검정·방제력) 논산딸기시험장 남명현

딸기 신품종 아리향 재배 매뉴얼

초판 인쇄 2022년 12월 14일
초판 발행 2022년 12월 17일

저　자　국립원예특작과학원
발행인　김갑용

발행처　진한엠앤비
주소　서울시 서대문구 독립문로 14길 66 205호(냉천동 260)
전화 02) 364 - 8491(대) / 팩스 02) 319 - 3537
홈페이지주소 http://www.jinhanbook.co.kr
등록번호 제25100-2016-000019호 (등록일자 : 1993년 05월 25일)
ⓒ2022 jinhan M&B INC, Printed in Korea

ISBN 979-11-290-3397-0　(93520)　　[정가 10,000원]

☞ 이 책에 담긴 내용의 무단 전재 및 복제 행위를 금합니다.
☞ 잘못 만들어진 책자는 구입처에서 교환해 드립니다.
☞ 본 도서는 [공공데이터 제공 및 이용 활성화에 관한 법률]을 근거로 출판되었습니다.